L.-M. DES PRÉAUX

L'Éducation des Sexes

ET

LA REPOPULATION

« La France a besoin d'enfants, n'hésitez pas à lui en
donner, elle leur assurera sa
protection et vous apportera
une aide efficace. »

E. PIOT
Sénateur de la Côte-d'Or

DEUXIÈME ÉDITION

PARIS
IMPRIMERIE MODERNE
19, RUE DES BONS-ENFANTS
—
1905

L'Éducation des Sexes

ET

LA REPOPULATION

L.-M. DES PRÉAUX

L'Éducation des Sexes

ET

LA REPOPULATION

« La France a besoin d'enfants, n'hésitez pas à lui en donner, elle leur assurera sa protection et vous apportera une aide efficace. »

E. PIOT
Sénateur de la Côte-d'Or

2ᵉ ÉDITION

PARIS
IMPRIMERIE MODERNE
19, RUE DES BONS-ENFANTS

1905

PROPAGANDE

à l'appui du projet de loi

contre la dépopulation de la France

Déposé le 6 Novembre 1900

Par M. le Sénateur PIOT

PROJET APPUYÉ AU POINT DE VUE FINANCIER

PAR

MM. Alphonse, Gustave et Edmond de ROTHSCHILD

par leur généreux DON

DE

DIX MILLIONS DE FRANCS

et au point de vue physiologique

Par L. M. des PRÉAUX

APPROBATION

adressée à l'Auteur par M. le Sénateur PIOT

Edme Piot.

Sénateur

Vice-Président du Conseil Général de la Côte-d'Or.

Vous félicite très vivement

59, Avenue Alphand St Mandé (Seine)

et vous remercie chaleureusement de votre beau livre de propagande en reputation l'Éducation des Sexes, qui me semble d'une réelle utilité et qui vous fait grand honneur.

(Fac-Similé de sa carte)

SOMMAIRE

DE

l'Exposé des Moyens Physiologiques pratiques

RECOMMANDÉS

POUR AUGMENTER LA POPULATION

I. — Causes de la production des sexes permettant d'avoir à volonté des garçons ou des filles.

II. — Principales causes de la stérilité chez l'homme et chez la femme; moyens d'y remédier.

III. — Considérations sur différents cas de stérilité, au point de vue médical.

IV. — Pour avoir des enfants sains et robustes.

V. — Rétablissement et maintien de la virilité.

VI. — Moyen spécial venant à l'appui de ceux indiqués, pour faire disparaître la stérilité chez la femme.

1.

PRÉFACE

PRÉFACE

La force d'une nation est la résultante de
toutes les forces individuelles de ses habitants.

Donc, plus une nation a d'unités, plus elle
est forte.

Cette question vitale, pour notre pays, a
beaucoup préoccupé et préoccupe encore M.
le Sénateur Piot, qui a présenté au Sénat, le

6 novembre 1900, sa proposition de loi relative à la repopulation de la France et qui est ainsi conçue :

ARTICLE PREMIER. — A partir du 1er janvier 1901, les célibataires des deux sexes, âgés de trente ans révolus au moins, seront assujettis à une taxe égale au quinzième du principal des quatre contributions directes payées par eux.

Les époux mariés depuis cinq ans au moins payeront un vingtième, calculé de la même façon, s'ils n'ont aucun enfant vivant et continueront de payer la taxe jusqu'à la naissance d'un enfant.

ART. 2. — Un crédit de vingt millions est ouvert au Ministère de l'Intérieur sous ce titre :

« Subventions, secours, encouragements aux familles nombreuses. »

ART. 3. — Ce crédit sera distribué chaque année, de la manière suivante, aux pères et, à leur défaut, aux mères de famille ayant plus de quatre enfants vivants.

Art. 4. — Chaque année, avant le 1er juin, les préfets adresseront aux maires de leurs départements un questionnaire dont la forme sera déterminée par un règlement d'administration publique. Ce questionnaire devra désigner, pour chaque commune, les pères ou mères de famille ayant plus de quatre enfants, et indiquer leurs ressources, leurs besoins, les aptitudes des enfants, etc.

Art. 5. — Dans sa session d'août, le Conseil général dressera l'état des allocations, soit sous forme de décharges d'impôts, soit sous forme de subventions; il désignera, suivant les besoins des familles, les enfants en faveur desquels il y aura lieu de créer des bourses et ceux dont l'établissement dans les colonies françaises devra être favorisé.

Comme, depuis le 6 novembre 1900, cette loi n'est jamais venue en discussion, M. Piot adressa, le 4 juin 1904, à M. Combes, Président du Conseil, une lettre pour attirer son attention sur la douloureuse situation des familles pauvres chargées d'enfants.

« De tous côtés, dit-il, des lettres m'arrivent, pleines de justes plaintes, implorant un appui attendu... Ce sont, par exemple, des familles qu'on ne veut pas loger parce qu'elles sont trop nombreuses ; d'autres à qui l'on refuse du travail parce qu'elles ont trop d'enfants ; d'autres encore qui sont écrasées par les charges dont les voisins sont indemnes...

« Il ne me paraît pas possible que, dans un état démocratique, il puisse subsister un manquement aussi manifeste à l'équité, un état de choses qui mette sur les uns toutes les charges et qui en exempte les autres.

« Notre régime social en exige une plus juste répartition entre les familles qui ont beaucoup d'enfants et celles qui n'en élèvent pas.

« Cet équilibre ne saurait s'établir par un simple dégrèvement d'impôts, puisque les plus pauvres et par conséquent les plus accablés, n'en payant pas, ne trouveraient aucun soulagement dans cette mesure. »

Cette lettre de M. le Sénateur Piot eut du retentissement. Aussi lisons-nous dans le numéro du journal *Le Matin* du 28 juin 1904, cet article.

Un Don de Dix Millions

« M. Georges Trouillot, ministre du Commerce, a reçu hier MM. Alphonse, Gustave et Edmond de Rothschild, qui sont venus l'entretenir de leur intention de consacrer une somme de dix millions à une fondation ayant pour objet la création d'habitations à bon marché et, d'une façon générale, à la réalisation de tous les moyens propres à améliorer les conditions de l'existence matérielle des travailleurs.

« La dotation sera employée en acquisitions et constructions d'immeubles à usage de logements à bon marché pour la population parisienne et les revenus provenant des locations serviront à subventionner toutes institutions ou initiatives pouvant intéresser le bien-être des travailleurs.

« M. Trouillot a vivement remercié et félicité MM. de Rothschild de leur offre si généreuse qui permettra de donner un développement plus important à une œuvre d'une portée sociale si considérable. »

Animé des mêmes sentiments que M. le Sénateur Piot à l'égard de la repopulation, qui seule peut donner à la France le rang qu'elle doit occuper dans le monde, je me suis livré à des études et observations particulièrement propices en vue du but que je voudrais atteindre et, le 22 juin 1904, j'ai écrit à M. le Sénateur Piot la lettre suivante :

« Monsieur Piot,

Sénateur de la Côte-d'Or,

« La haute importance de votre projet de loi pour arrêter la dépopulation de la France faisait espérer qu'il serait voté plus promptement et que cette loi admirable serait maintenant en vigueur.

« Cependant, malgré les promesses du Président du Conseil, cette question vitale n'est pas encore résolue, et on attend avec impatience la solution d'un problème qui intéresse au plus haut degré la prospérité nationale.

« Frappé depuis longtemps des conséquences déplorables de la dépopulation au point de vue économique et social, j'en ai étudié avec persévérance les causes et recherché les moyens d'y remédier.

« Le résultat de mes nombreuses observations a été que, si l'égoïsme et l'amour du bien-être entrent pour une large part dans la diminution du nombre des enfants, l'ignorance presque absolue des secrets de la génération en empêche la production dans une proportion notable dans certains cas.

« Beaucoup de ménages sans enfants et qui en désirent pourraient en avoir s'ils possédaient quelques notions indispensables sur cette science, la plus importante à connaître, mais que, par un sentiment de pudeur exagéré, nous supprimons soigneusement de l'éducation de la jeunesse.

« Il existe, il est vrai, de nombreux ouvrages traitant des mystères de la génération. Mais ces traités, trop complets et trop arides pour le public ordinaire, ne sont écrits en réalité et ne conviennent qu'au public intellectuel. Tout le monde n'a pas le temps de les lire avec l'intérêt qu'ils comportent, et, lorsqu'on les a parcourus et feuilletés, tout s'embrouille, se confond dans des descriptions trop compliquées, trop scientifiques et il ne reste rien de précis dans la mémoire.

« C'est pourquoi j'ai réuni dans une courte brochure toutes les indications permettant d'augmenter le nombre des enfants par la connaissance des différents moyens à employer pour arriver à ce résultat.

« J'ai pensé que votre projet de loi ayant le même but, il serait utile de fournir aux intéressés les moyens de profiter des avantages de cette loi, ou d'en éviter les charges par la publication de cette brochure, qui en serait pour ainsi dire le complément, à un prix modéré pour la mettre à la portée de tous.

» Je n'ai pas voulu le faire avant de vous la soumettre, Monsieur le Sénateur, afin d'avoir votre appréciation sur ce travail, qui me serait très précieuse. Je ne peux m'adresser qu'à vous seul, à qui revient l'honneur d'avoir résolu ce grand problème économique par le projet d'une loi patriotique destinée à faire la force de la nation. Vous êtes le meilleur juge en la matière, et je serais très heureux si je pouvais obtenir votre approbation.

« En vulgarisant les connaissances renfermées

dans ma brochure, qui peuvent rendre les plus grands services à l'humanité, qui n'ont rien de blessant au point de vue de la morale, et qui seront un jour prochain enseignées aux jeunes gens des deux sexes, j'ai la ferme conviction de contribuer, pour une modeste part, au succès de la noble tâche que vous avez entreprise.

« Je vous envoie ci-joint le projet de ma brochure que je vous serai très obligé de me retourner avec vos observations, s'il y a lieu, et votre réponse, dont je vous remercie sincèrement à l'avance.

« Veuillez agréer, Monsieur le Sénateur, l'assurance de mon profond respect.

M. le Sénateur Piot me fit répondre la lettre suivante par son secrétaire :

SÉNAT

—

Saint-Mandé, 26 juin 1904.

Monsieur,

« Monsieur le Sénateur Piot me charge de vous

exprimer tout le plaisir qu'il a éprouvé en lisant votre brochure.

« Il ne peut vous adresser des observations spéciales, ne s'étant jamais placé à un point de vue médical, et restant constamment dans des préoccupations d'un autre ordre. Mais tout ce qui touche à la dépopulation et tend au rehaussement de la natalité ne peut que l'intéresser vivement. Quant aux questions techniques, n'étant pas médecin, il a l'habitude de laisser à chacun la responsabilité de ses conseils ou de son système.

« Il est heureux, en cette-occasion, de vous adresser ses plus sincères félicitations

« En vous retournant votre manuscrit, je vous prie d'agréer, Monsieur, mes civilités empressées.

« A. GASSIER, »

Fort de l'approbation d'une personnalité aussi éminente que M. le Sénateur Piot, et certain qu'il sera accueilli avec le même plaisir par le public, je publie avec confiance mon ouvrage qui doit concourir au même but qu'il poursuit, bien qu'en me plaçant à un autre point de vue et par des moyens différents.

EXPOSÉ

DES

MOYENS PHYSIOLOGIQUES PRATIQUES

RECOMMANDÉS

pour augmenter la Population

2

CHAPITRE PREMIER

I

CAUSES DE LA PRODUCTION DES SEXES

PERMETTANT D'AVOIR A VOLONTÉ

DES GARÇONS OU DES FILLES

La solution de cette question a préoccupé tous les physiologistes qui ont émis des théories différentes sans la résoudre.

Les uns ont avancé que l'homme plus vigoureux que la femme engendrait des garçons, et des filles dans le cas contraire; que le sexe masculin domine quand le père est plus âgé que la mère; que le sexe féminin prédomine quand c'est la mère qui est plus

2.

âgée que le père, et que les sexes s'équilibrent quand le père et la mère sont du même âge.

D'autres ont localisé dans le testicule droit la production des mâles et dans le testicule gauche la production des femelles; on a attribué le même pouvoir aux ovaires.

On a préconisé un régime différent à suivre pour l'homme et la femme et on a même recherché l'influence que pouvait avoir la position de la femme pendant les rapports sexuels. La lune, la direction des vents, la température ont été considérées comme jouant un certain rôle dans la production des sexes.

Aucune de ces hypothèses n'a été confirmée par l'expérience; une seule méthode, solidement établie sur des données scientifiques, a été discutée sérieusement et a reçu l'approbation de savants distingués qui en ont admis les principes.

Les quelques expériences déjà faites ayant donné des résultats satisfaisants, il ne s'agissait plus que de les continuer sur une grande échelle afin de pouvoir affirmer en toute assurance la valeur de la loi établie.

C'est ce que j'ai fait pendant de longues années et tout le monde comprendra la délicatesse de cette tâche par la difficulté de trouver des personnes sûres, disposées à exécuter rigoureusement les recommandations faites et à en rendre un compte exact.

Cependant, je dois dire en passant que

pour la question concernant la production des sexes, de même que pour les suivantes, j'ai rencontré de nombreuses personnes qui s'y sont intéressées vivement et grâce auxquelles j'ai pu faire confirmer les théories par la pratique.

Afin de bien comprendre la logique rigoureuse du moyen que je recommande, pour avoir à volonté des garçons ou des filles, il est nécessaire de faire une description sommaire des organes génitaux de la femme et d'en expliquer, d'après les auteurs les plus autorisés, le fonctionnement et le rôle qu'ils jouent en ce qui concerne le sujet qui nous intéresse.

Les organes génitaux de la femme comprennent les *ovaires* qui sécrètent les *ovules* ou œufs destinés à se transformer en embryon après la fécondation; un canal nommé *trompe utérine* qui communique avec la *matrice* ou *utérus* dans laquelle l'ovule doit se développer et se transformer en fœtus.

Le *col* de la matrice, percé d'une ouverture en forme de fente transversale, fait saillie dans le *vagin* destiné à recevoir la verge pendant les rapprochements sexuels.

Chaque mois à l'époque de la menstruation, l'ovaire laisse échapper un ovule qui s'engage dans la trompe pour arriver dans la matrice au bout de dix à douze jours.

C'est seulement pendant cette période que la fécondation est possible.

Nous allons voir de quelle manière elle s'opère.

L'appareil générateur de l'homme a pour fonction de sécréter le *sperme* qui contient un nombre infini de petits animalcules extrêmement agiles auxquels on a donné le nom de *spermatozoïdes* et dont la forme rappelle celle d'un têtard de grenouille.

Quand ils ont été introduits, à la suite d'un rapprochement sexuel, dans le vagin, ils pénètrent dans le col de la matrice au bout de vingt minutes environ, de là dans la matrice et cheminent dans la trompe où ils s'engagent pour arriver près de l'ovaire vingt-quatre heures environ après le coït.

C'est pendant leur trajet de la matrice à l'ovaire qu'ils rencontrent l'œuf ou ovule qui parcourt dans un sens inverse le même chemin et, arrivés à son contact, ils pénètrent en petit nombre dans son intérieur où ils disparaissent et se mélangent avec lui.

L'ovule est alors fécondé et continue sa marche. Arrivé dans la matrice, il s'arrête dans un des replis de la muqueuse utérine où il se développe progressivement pour donner naissance au fœtus.

Or, il est reconnu d'une manière absolument certaine que l'ovule met dix à douze jours pour arriver des ovaires dans la matrice, depuis la fin des règles, et que la fécondation ne peut s'opérer que pendant cette période.

Pendant ce parcours, l'ovule atteint un degré de maturation qui est complète lorsqu'il arrive dans la matrice et qui détermine la production des sexes, suivant ce degré de maturation.

Pendant les trois premiers jours qui suivent la fin des règles, l'ovule, s'il est fécondé, donne une fille ; pendant les trois jours qui suivent il donnera indistinctement un garçon ou une fille, et pendant les quatre derniers jours, il donnera un garçon.

Après le dix ou douzième jour qui suit la fin des règles, il n'y a plus aucune chance de fécondation.

Tous les savants ne sont pas d'accord sur le point où s'opère la fécondation de l'ovule par les spermatozoïdes; les uns pensent que c'est par l'ovaire même, d'autres pendant son parcours dans les trompes, et enfin dans la matrice même.

Mais ils admettent en général que l'ovule se mûrit depuis sa séparation de l'ovaire, ce qui justifierait et expliquerait la cause de la production des sexes; ceux qui n'admettent pas la fécondation dans la matrice donnent pour raison que l'ovule aurait atteint à cet endroit un trop grand degré de maturation pour être fécondé. Cependant, la période fécondante de dix à douze jours est généralement admise par tous.

Quoiqu'il en soit, je n'ai pas la prétention de trancher cette question qui n'offre qu'un intérêt secondaire. L'essentiel est que l'observation des jours indiqués permette d'obtenir le sexe qu'on désire, ainsi qu'il résulte des nombreuses expériences faites qui ont toutes donné un résultat juste lorsque les règles indiquées plus haut ont été observées exactement.

Ceux qui n'ont que des filles seront enchantés d'avoir des garçons et réciproquement; ils ne s'inquiéteront pas des raisons et du pourquoi, du moment que leur désir sera satisfait.

CHAPITRE II

II

PRINCIPALES CAUSES DE LA STÉRILITÉ CHEZ
L'HOMME ET CHEZ LA FEMME;
MOYENS D'Y REMÉDIER

En dehors des vices de conformation qui
peuvent produire la stérilité chez l'homme,
qui sont visibles et qu'il est inutile de rela-
ter ici, il est démontré que l'homme est souvent stérile parce que son sperme est privé
de spermatozoïdes, à la suite d'accidents de
jeunesse, de maladies, affections, lésions ou
autres causes. Ceci est incurable.

Beaucoup d'hommes mettent ainsi au

compte de leurs femmes une infécondité dont ils sont cause.

Je parlerai plus loin de l'impuissance qui ne doit pas être confondue avec les autres causes de stérilité; je donnerai le moyen de la combattre en ranimant les forces épuisées.

Une cause de stérilité assez fréquente chez l'homme provient de ce que l'ouverture de l'*urèthre* ou *méat* se trouve quelquefois au-dessus ou au-dessous du gland, ce qui empêche, dans les rapports sexuels accomplis dans la position naturelle, le jet de sperme d'atteindre l'ouverture de la matrice qui doit normalement occuper le milieu du vagin.

Il s'agit alors de varier les positions selon la disposition de l'urèthre, pour mettre les deux organes en contact utile.

Si le méat s'ouvre au-dessous du gland, soit en *hypospadias*, c'est en changeant les rôles, c'est-à-dire la femme prenant la place de l'homme, que cette ouverture pourra se trouver en rapport avec celle de la matrice qui s'abaissera en avant, par suite de la position élevée de la femme.

S'il s'ouvre au-dessus, soit en *épispadias*, il faudra employer le mode d'accouplement des animaux, la femme s'appuiera sur ses genoux et, ayant le bassin élevé, pourra recevoir l'homme par derrière, et la fécondation sera alors possible.

Les causes de la stérilité chez la femme sont trop nombreuses pour être énumérées sans sortir du cadre où je dois me renfermer.

En effet, si je tombe dans les descriptions

trop étendues des cas de stérilité compliqués qui sont incurables, ou pour la guérison desquels il faut le secours de la médecine, j'arrive à faire ce qui existe déjà, c'est-à-dire un gros ouvrage comme il y en a tant où l'intéressé trouve difficilement ce qu'il cherche.

Tandis qu'au contraire, j'ai voulu condenser et réunir dans un petit volume les cas les plus ordinaires, expliqués aussi brièvement et aussi clairement que possible, avec le remède à côté du mal, et où chacun pourra trouver à première vue et comprendre ce qui l'intéresse.

Nous allons donc seulement examiner le cas de stérilité le plus commun, et auquel il est facile de remédier soi-même par ses propres moyens.

Chez les femmes dont la matrice est plus ou moins déplacée, ce qui est très fréquent, la position anormale du col de la matrice peut empêcher la pénétration du sperme à l'intérieur. On peut y remédier dans une certaine mesure par la manière de se livrer aux rapprochements sexuels. Il faut alors varier les positions suivant le genre de déplacement, toujours pour mettre l'ouverture du col de la matrice à même de recevoir directement le jet de sperme.

Et pour arriver à trouver la position voulue, il convient de modifier les situations, les attitudes, les mouvements dans tous les sens et directions, surtout aux époques où la fécondation est possible, jusqu'à ce qu'on ait obtenu le résultat désiré.

Tout ce que la morale réprouve, lorsqu'il

s'agit de satisfaire des idées de libertinage, est permis quand on agit dans un but aussi louable que celui de perpétuer la race humaine.

Il est évident que ni le mari, ni la femme ne peuvent, la plupart du temps, se rendre compte eux-mêmes si l'infécondité provient du déplacement de la matrice, surtout lorsqu'il n'est pas très prononcé. Mais si le mari est bien constitué et bien portant, si la femme est bien conformée, si elle est bien réglée, si elle n'est pas froide dans les rapports conjugaux, il est à présumer que telle est la cause de sa stérilité.

On ne risque donc rien d'essayer les moyens que j'indique et qui ont réussi dans de nombreux cas soumis à l'observation. En outre une grossesse heureuse a souvent pour

résultat de remettre en place l'organe dé-
placé.

J'ai voulu indiquer tous ces moyens de
combattre la stérilité ordinaire qui est la plus
fréquente, parce qu'ils sont recommandés
par les auteurs compétents. Ils réussissent
très bien, mais sont un peu difficiles d'application, car ils doivent varier suivant 'e
cas ou vice de conformation qui se présente
et qu'il n'est pas toujours facile de reconnaître, ce qui oblige à des tâtonnements ou
à recourir à la science d'un médecin spécia-
liste.

En voici un qui est d'une simplicité ex-
trême, facile à employer et que je recommande parce qu'il est infaillible et qu'il re-
médie à lui seul à tous les cas de stérilité
énumérés plus haut.

Observer une continence plus ou moins longue, suivant le sujet, de manière que l'émission du sperme soit abondante. La femme prendra la position naturelle, mais en ayant le bassin très élevé au moyen d'oreillers, de façon que le sperme soit forcé de séjourner dans le vagin, et qu'il ne puisse en sortir pendant ving minutes au moins.

Alors, que le cas de stérilité vienne de l'homme ou de la femme, peu importe, le col de la matrice baignant dans le sperme, les spermatozoïdes en trouveront forcément l'ouverture, quels que soient le déplacement de la matrice, la direction et la force du jet. Tout le monde le comprendra.

Aux causes d'obstacles à la conception, il faut ajouter dans beaucoup de cas la froi-

deur de la femme pendant les rapprochements sexuels, son défaut absolu de spasme
et l'absence totale du sentiment voluptueux.
Cette règle n'est pas sans exception, car il
est reconnu que la plus grande partie des
femmes n'ont jamais ressenti les sensations
spéciales qui doivent accompagner le coït,
ce qui n'empêche pas la conception pour la
plupart.

Cette insensibilité provient parfois d'une
conformation vicieuse très fréquente du *clitoris* qui ne se met pas en contact avec la
verge pendant la copulation et par suite ne
se trouve pas excité par son frottement.

Le clitoris se trouve placé au fond de **la**
partie supérieure de la vulve, à l'entrée du
vagin, où il forme une petite saillie terminée

par un bourgeon rougeâtre, nommé gland du clitoris.

Le clitoris correspond à la verge dont il a la structure. Comme elle, il entre en érection, mais au lieu d'être alors dirigé en haut, il se dirige en bas et vient par conséquent la frotter pendant la copulation. Sa longueur ordinaire, lorsqu'il est en érection, est d'environ deux centimètres; chez certaines femmes il atteint un développement plus considérable.

Le clitoris est l'organe principal de la sensation voluptueuse chez la femme; viennent ensuite la matrice et plus rarement les seins.

Le foyer clitoridien est généralement le plus actif. C'est lui qui est ordinairement choisi, préféré par la femme, à cause des sensations plus voluptueuses qu'elle en

éprouve, soit par sa sensibilité plus grande.
soit par son excitabilité spéciale.

« Le foyer érogène, dit le Dr P. Garnier, est
réparti en trois organes distincts chez la
femme : le *clitoris*, la *matrice* et les *mame-
lons*, jouissant à divers degrés de cette sensibilité voluptueuse qui les fait entrer en
érection comme le gland chez l'homme. Les
deux premiers se confondent, il est vrai, en
un seul par la copulation, en donnant leur
part d'action réciproque chez les femmes les
mieux organisées, comme on en jugera par
son mécanisme.

« Le troisième y joint même ordinairement
la sienne pour tripler la somme de volupté
résultant de ce consensus et mieux en assurer l'effet. Mis simultanément en action comme il convient à l'état physiologique, les trois

n'en forment réellement qu'un seul, et l'un supplée ou remplace l'autre au besoin, en doublant son activité.

« Le foyer clitoridien correspond directement à celui de l'homme et, comme tel, il prend ordinairement la part la plus active à la préparation et à l'accomplissement ·de l'acte réflexe qui détermine la jouissance et la mène graduellement au maximum de son intensité, sans que le volume plus ou moins minuscule paraisse y contribuer. La plupart des femmes n'entrent en éréthisme sensuel que par lui, quel que soit le procédé employé, direct ou indirect, c'est-à-dire naturel ou artificiel. De là le rôle prédominant accordé à cet organe. »

Si la froideur de la femme dépend de la conformation vicieuse du clitoris, ce qu'il est facile de constater, lorsqu'il est en érection, par sa direction en bas ou en haut, il convient alors qu'elle prenne la place de l'homme pour mettre le clitoris en contact avec la verge; c'est le seul moyen, dans ce cas, de la faire sortir de sa frigidité habituelle et de lui faire partager les plaisirs de l'amour, ce qui est souvent indispensable pour arriver à la conception.

Mais il existe une autre cause qui paralyse les ardeurs de la femme qui ne demandent souvent qu'à se manifester. Elle dépend de l'ignorance ou de l'égoïsme du mari qui, aussitôt son approche de la femme, précipite l'accomplissement de son désir sans tenir compte de la lenteur de l'excitation de sa compagne, et sans s'inquiéter si elle est arrivée à son diapason.

Il est certain que toutes les femmes n'éprouvent pas la même somme de plaisir, mais presque toutes sont capables d'en ressentir plus ou moins, si on sait provoquer adroitement leur sensibilité en lui donnant le temps de se manifester par l'érection de leurs organes.

Les préludes du coït valent ainsi mieux que le coït même, en exaltant à la fois toutes les fonctions et les sentiments.

Il résulte des observations faites qu'il se présente des cas où l'absence du sentiment voluptueux pendant l'acte sexuel empêche la fécondité qui concorderait dans l'espèce avec l'excitation mutuelle des conjoints, **qui doit influencer l'ovule de façon à le rendre** plus propre à être fécondé.

« Dans beaucoup de cas, dit Courty, dans son *Traité des maladies de l'utérus*, la stéri-

lité ne peut être attribuée qu'à la froideur,
au défaut absolu du spasme, du sentiment
voluptueux et probablement de l'orgasne ou
de l'érection féminine qui y correspond, même chez les femmes très désireuses de deve-
nir mères. Bien plus on voit la fécondité naître avec l'éveil des sentiments voluptueux,
après un sommeil qui a duré plusieurs années, et poursuivre dès lors le cours normal
de son évolution. »

Si cependant, après avoir usé de tous les
moyens qui sont indiqués, mais qui doivent
être employés avec tact et délicatesse, la
femme reste insensible ou n'éprouve que de
faibles sensations, il sera nécessaire de se
conformer aux recommandations faites au
chapitre VI pour vaincre la frigidité de la
femme la plus réfractaire aux sentiments voluptueux.

En dehors des époques où la fécondation n'est plus possible, c'est-à-dire après le douzième jour qui suit la fin des règles, la stérilité est occasionnée par le coït trop fréquemment répété et les injections d'eau froide qui détruisent absolument les spermatozoïdes avant qu'ils aient pu pénétrer dans la matrice, en les employant dans les vingt minutes qui suivent le coït.

Quant à ceux que la nécessité ou toute autre cause oblige à limiter le nombre de leurs enfants, il leur est facile d'arriver à ce résultat en évitant les rapports sexuels pendant la période où la femme peut concevoir.

Cette intermittence est préférable aux rapprochements sexuels incomplets qui ont plus d'un inconvénient en arrêtant brusquement l'ébranlement nerveux sans lui donner le temps de se rétablir par le calme qui doit résulter de l'acte naturellement accompli.

Les injections d'eau froide sont dangereuses après l'échauffement provoqué par le coït dans les organes de la femme, et l'emploi des soi-disants préservatifs ou autres artifices, qui souvent ne préservent pas du tout, est aussi contraire à la nature qu'à la morale, et il en résulte des accidents et des maladies mille fois plus redoutables que la grossesse et l'accouchement.

Le Dr P. Garnier, dans son *Traité de la Génération*, en a tracé un tableau saisissant.

« Tous ces coïts frusts, à sec, dit-il, après l'excitation, l'ébranlement, la stimulation plus ou moins prolongée des organes, produisent à la longue un trouble profond, une perturbation générale de tout le système nerveux et sanguin.

« Surpris, arrêtés brusquement dans le spasme et l'éréthisme qui les étreignent, par la brusque cessation du branle qui leur a été imprimé, sans le calmant naturel qui en provoque la détente, les organes génitaux, gorgés de sang, ne peuvent revenir normalement sur eux-mêmes, ni se débarrasser complètement. De là la paralysie légère des nerfs, la congestion et l'engorgement des tissus, des hémorrhagies passives, puis des tumeurs et la dégénérescence des organes.

« A la femme revient encore ici la plupart de ces maux en raison même de son rôle principal dans la génération. Par sa séparation instantanée, l'homme la laisse seule en proie aux angoisses spasmodiques de son système nerveux et de ses organes surexcités. Impressionnable comme le sont la plupart d'entre elles, la femme doit arrêter immédiatement toutes ses sensations, ses impressions, ses sentiments amoureux, ou ne pas s'y livrer et rester comme le marbre, un corps inerte servant passivement à la satisfaction d'autrui.

« D'une manière ou de l'autre, elle s'énerve; sa menstruation se trouble et se dérange inévitablement. Ce sont des pertes profuses chez les femmes sanguines; des écoulement blancs, des leucorrhées chez les lymphatiques; des névroses, des névralgies, c'est-à-dire des douleurs continues chez toutes.

« Des métrites aiguës et chroniques, ou inflammations de la matrice, succèdent à ces manœuvres frauduleuses, d'autant plus inévitablement qu'en se croyant à l'abri de tout accident, on les répète à satiété, avec fréquence et excès, le cœur ni les sens n'en étant satisfaits, rassasiés.

« D'après le professeur Villars, le cancer de la matrice résulte directement des fraudes conjugales, parce que le col, excité, titillé et comme en érection pour recevoir et aspirer le fluide séminal dans sa bouche béante, n'est pas arrosé de ce liquide dont la chaleur et les propriétés spéciales sont de le calmer. »

Les organes génitaux de l'homme et de la femme, qui sont très compliqués et délicats, ne peuvent être soumis impunément aux caprices inventés par la lubricité, sous peine de ressentir à un moment donné les suites funestes du surmenage qui leur a été imposé.

CHAPITRE III

II

CONSIDÉRATIONS SUR DIFFÉRENTS CAS DE STÉRILITÉ, AU POINT DE VUE MÉDICAL

Ceux qui désirent des enfants et qui ont suivi, sans résultat, les conseils donnés dans les précédents chapitres, ont encore une ressource. Qu'ils aillent se soumettre à l'examen d'un médecin ayant particulièrement étudié la génération, la science médicale pourra parfois leur venir en aide.

Un docteur de mes amis, qui s'intéresse à ces questions, a bien voulu me documenter.

Lorsqu'un couple est stérile, il faut d'abord pratiquer l'examen microscopique de la semence mâle du sperme. Cette analyse nous montre si l'homme est apte à procréer, ou s'il a peu ou pas de chances de faire souche. Elle est indispensable.

Si le sperme est de bonne qualité, si les spermatozoïdes sont nombreux, il faut chercher chez la femme la cause de la stérilité. Nous laissons de côté l'impuissance mâle, qu'un traitement bien ordonné combat souvent avec succès.

Chez la femme, les causes de stérilité les plus fréquentes sont : *la métrite chronique*, ou inflammation de l'intérieur de la matrice; *les déviations de la matrice* qui n'est plus à sa place normale, et est fixée en mauvaise position; *l'atrésie du col*, c'est-à-dire le rétrécissement de l'orifice utérin ; enfin *les lésions annexielles*, ou inflammation des trompes ou des ovaires.

Moins fréquemment on observe le *vaginisme* qui rend douloureuse toute tentative de coït, et ne permet pas au mari de consommer l'acte.

Dans tous les cas, un traitement rationnel et bien conduit permettra souvent à la patiente de goûter les joies de la maternité.

Enfin, il est un moyen, malheureusement peu pratiqué, (à cause de la minutie qu'il exige pour réussir) : nous voulons désigner la *fécondation artificielle*. Le docteur dont je parle plus haut m'a affirmé qu'il l'avait pratiquée avec succès, dans plusieurs cas où toutes les autres tentatives avaient échoué.

4.

Elle est particulièrement indiquée chez les femmes qui restent stériles tout en ayant des organes génitaux paraissant sains, chez celles qui sont atteintes d'un vaginisme persistant, et pour obvier aux vices de conformation assez fréquents chez l'homme, tels que l'hypospadias, l'épispadias, la brièveté du frein, etc., qui empêchent la projection directe du sperme vers l'orifice de la matrice, lorsque les moyens indiqués précédemment n'auront pas réussi.

CHAPITRE IV

IV

———

Sans posséder de connaissances spéciales, c'est le bon sens et le raisonnement qui doivent indiquer la marche à suivre.

Tout le monde sait que les enfants de l'amour sont généralement forts et bien constitués. La raison en est très simple.

Deux jeunes gens s'aiment et se désirent depuis longtemps; enfin ils trouvent une occasion propice, la raison les abandonne et tous deux se livrent sans réserve à la fougue de leur passion.

Le jeune homme est surexcité par une continence plus ou moins longue qui aiguillonne ses désirs; les spermatozoïdes que contient son sperme sont vigoureux, remplis de vivacité et donneront forcément naissance à un sujet réunissant toutes les conditions de force et de santé, surtout si sa compagne partage son excitation et s'unit à lui dans une même communion de plaisir.

Il en est de même pour les époux qui se trouvent dans des conditions semblables et dont le premier enfant est généralement plus fort que ceux qui suivent, qui n'ont pas été conçus dans les mêmes circonstances.

Si, au contraire, la fécondation a lieu à la suite de rapports sexuels trop fréquents les désirs ne sont plus aussi fougueux, l'énergie prolifique diminue, les spermatozoïdes à peine formés n'ont plus la même vigueur et le produit de la conception s'en ressentira forcément.

En outre, l'état de santé, les dispositions physiques et morales de l'homme et de la femme pendant le coït ont une influence considérable sur l'enfant à venir.

Il résulte de ce qui précède que, lorsque deux époux veulent avoir un enfant sain et robuste, ils doivent se conformer aux règles suivantes :

1° *Observer pendant huit jours à l'avance une continence absolue.*

2° *S'abstenir auparavant de tout excès alcoolique.*

3° *Etre tous deux à ce moment en parfait*

état de santé et ne pas éprouver le moindre malaise, ni la plus petite contrariété.

4° Employer le moyen auquel il est fait allusion au chapitre VI.

En observant rigoureusement ces conditions, on aura la satisfaction d'avoir des enfants vigoureux, bien portants, intelligents, sauf le cas où les parents, atteints tous deux de maladies incurables, les transmettent fatalement à leurs enfants par l'hérédité, de même qu'ils leur transmettent leurs qualités ou leurs défauts.

Le printemps est l'époque la plus favorable à la fécondation et donne les sujets les plus vigoureux.

Les principales maladies héréditaires les

plus redoutables sont la syphilis, la phtisie, le cancer, l'épilepsie, l'hystérie, la paralysie, la folie.

Il serait à désirer que, lorsque deux époux sont atteints de ces maladies, ils n'eussent pas d'enfants, ce qui leur serait facile en connaissant les époques où la fécondation n'est pas possible.

Comme preuve à l'appui de ce qui précède, je citerai quelques extraits de passages, écrits de main de maître, tirés des beaux traités de la génération des docteurs P. Garnier et Gustave Le Bon, où j'ai puisé en partie les théories que j'ai soumises à l'expérience, ainsi que les descriptions sommaires des organes sexuels et de leur fonctionnement.

Dᵣ P. Garnier. — « L'hygiène de la génération s'étend surtout aux enfants. Dans la vie qu'ils donneront, les parents ne devraient pas oublier qu'ils retrouveront les conditions mêmes où ils étaient au moment de la fécondation.

« Le chagrin, le deuil, l'inquiétude, l'ivresse ou la maladie, une conscience abattue par la crainte ou tourmentée par le remords, l'esprit préoccupé d'affaires contre-indiquent la copulation.

« L'enfant engendré dans un moment de mauvaise humeur ou de dispositions fâcheuses, d'incommodité, doit donc s'en ressentir, à bien plus forte raison, et en reproduire, en rappeler les manifestations physiques et morales. »

Dʳ Gustave Le Bon. — « Ce qu'il faut éviter avec soin, c'est de se livrer aux rappro-chements sexuels lorsque le cerveau est placé sous l'influence de l'excitation alcoolique, ce qui arrive souvent à la suite des libations des festins précédant la nuit des noces.

« Les enfants conçus dans ce cas ont une santé misérable; ils sont le plus souvent pa-ralytiques, épileptiques ou idiots. En outre, ils sont exposés aux convulsions ou autres désordres nerveux. »

Un autre auteur, Michel Lévy, s'exprime ainsi à ce sujet :

« Au point de vue physique les mariages devraient être au moins combinés de manière à neutraliser, par l'opposition des constitu-tions et des tempéraments, les éléments d'hé-rédité morbide que l'on peut craindre dans les deux époux.

« Il faudrait défendre l'union de deux lym- phatiques, comme de deux sujets nerveux.

« Deux familles, également prédisposées aux affections de poitrine, ne devraient ja- mais s'allier ni mêler leur sang; même dan- ger dans l'union de deux sujets frappés de débilité générale. »

Quant aux unions consanguines ou entre parents à un degré rapproché, de même sang, tout le monde sait qu'elles ne peuvent donner que des produits dégénérés.

Et enfin, une des principales causes de la faiblesse des enfants issus de mariages trop précoces, consiste dans ce que les époux n'ont pas atteint tout leur développement physique qui n'est absolument complet chez l'homme qu'à partir de 25 ans et chez la femme à partir de 20 ans.

CHAPITRE V

V

RÉTABLISSEMENT ET MAINTIEN DE LA VIRILITÉ

L'impuissance prématurée chez l'homme est généralement la conséquence de l'affaiblissement provoqué par les excès vénériens, le surmenage par le travail intellectuel, les veilles prolongées, les chagrins, l'abus de l'alcool, du tabac, etc.

Toutes les drogues et les pratiques recommandées pour réveiller les sens endormis ou épuisés par les abus, une vie agitée, n'ont jamais rien valu et ne sont pas sans danger pour la plupart.

Le phosphore et les cantharides sont les deux aphrodisiaques les plus puissants, mais ce sont des poisons qui ont souvent occasionné la mort.

L'usage du camphre, de la morphine, du tabac et de l'alcool à l'excès diminue la vigueur physique.

Les aliments épicés, substantiels, le café et les liqueurs pris avec modération, le poivre, le gingembre, la cannelle, le cacao, la vanille, les poissons de mer, les écrevisses, les champignons, les truffes sont des stimulants.

Ceux qui peuvent suivre un régime sobre et fortifiant, prendre des bains de mer, des douches froides, des irrigations sur les parties génitales, des bains tièdes avec frictions, massages, s'en trouvent fort bien. Ce traitement est excellent et préférable à l'usage des aliments aphrodisiaques qui ne peuvent donner qu'une énergie passagère, comme la flagellation locale pratiquée avec des orties fraîches et la flagellation ordinaire. Malheureusement ce régime n'est pas à la portée de tous.

Tandis que le procédé dont j'offre, au chapitre VI, de fournir l'indication, est le plus simple, le plus efficace, sans aucun danger et donne des résultats durables en tonifiant les organes même affaiblis par l'âge.

Si le sens génésique n'est pas complétement éteint, il se ranimera avec une nouvelle vigueur; mais si on veut le conserver, j'engage à retenir ce dernier conseil que je donne en terminant, à ceux qui ont bien voulu me lire et dont tout le monde peut faire son profit :

Usez à tout âge avec modération des plaisirs de l'amour, seulement lorsque vous en éprouverez le besoin, mais ne forcez pas la nature. Vous conserverez plus longtemps votre virilité en la ménageant et vous y trouverez toujours le même charme.

♦

Et lorsque vous aurez dépassé la cinquantaine, attendez que le désir se manifeste de lui-même et ne faites pas le moindre effort pour le provoquer. Vous jouirez ainsi d'une verte vieillesse pendant laquelle vous pourrez retrouver de temps en temps une réminiscence de votre jeunesse.

CHAPITRE VI

VI

MOYEN SPÉCIAL VENANT A L'APPUI
DE CEUX INDIQUÉS POUR FAIRE DISPARAITRE
LA STÉRILITÉ CHEZ LA FEMME

La stérilité de la femme étant, dans certains cas, occasionnée par sa froideur et l'absence du spasme génésique, il est d'autant plus important de le provoquer, qu'une fois mis en éveil, il y a toutes les chances pour qu'il se continue.

D'un autre côté, si pour certaines femmes chez lesquelles le sentiment voluptueux n'existe pas, la fécondation est néanmoins possible, il serait préférable qu'elles pussent également l'éprouver, tant au point de vue du bien-être général pour lequel il est nécessaire, qu'à celui de la satisfaction morale qui en résulte.

Le plaisir partagé contribue à l'union des ménages et à l'attachement réciproque des époux. Il est aussi nécessaire chez l'homme que chez la femme pour l'entretien régulier de la santé.

L'abstinence complète des plaisirs vénériens, dit l'illustre physiologiste Burdach, nuit plus à l'organisme chez la femme que chez l'homme. Les femmes non mariées sont fréquemment atteintes de désordres des règles, de chlorose et d'écoulements muqueux; elles ont une grande propension à la mélancolie et sont sujettes à succomber sous les atteintes de quelques maladies graves.

C'est principalement parmi les femmes célibataires que se rencontrent les maladies du sein et de l'utérus, et les affections diverses désignées sous le nom d'hystérie.

La femme mariée qui reste froide et insensible entre les bras de son mari se trouve donc exposée nécessairement à tous ces accidents, sans parler de l'infécondité qui peut en être la conséquence.

La femme froide peut encore être fécondée, mais on vient de voir les inconvénients redoutables qui peuvent résulter de sa frigidité. En outre, il est reconnu que tous les enfants conçus dans la volupté sont plus beaux et plus forts que ceux qui sont le produit d'un coït froid et passif. Cela se comprend aisément.

Jusqu'à présent on s'est borné à constater le fait, en ce qui concerne la femme et on n'a pas cherché à y remédier. On s'est ému seulement de la situation intéressante de l'homme réduit à l'impuissance qu'on a essayé de combattre par toutes sortes de moyens. Mais on n'a rien fait pour faire sortir la femme de sa frigidité et pourtant son cas est, à tous égards, aussi digne d'intérêt que celui de l'homme.

Pour compléter mon œuvre, et afin de ne laisser aucune question posée sans la résoudre, j'ai étudié et recherché longuement le moyen propice, réunissant les qualités voulues pour arriver au résultat cherché. Je l'ai trouvé, et après de nombreuses expériences, je veux en faire profiter mes lecteurs.

« Il existe, dit M. Gustave Lebon, une analogie étroite entre les organes mâles et les organes femelles qui ont été évidemment construits sur un même plan et qui se correspondent. Ces analogies peuvent paraître forcées aux personnes étrangères à l'anatomie, elles sont cependant réelles. Pendant les premiers mois de la vie intra-utérine, les organes sexuels mâles et femelles sont à ce point semblables, qu'il est impossible de les distinguer. »

Or l'impuissance de l'homme correspond à la froideur de la femme dont les organes érectiles n'entrent pas en érection ; il en est de même pour l'homme impuissant.

Le même procédé peut donc leur être appliqué à tous les deux et donner un résultat identique . Il est indispensable pour activer la circulation du sang dans les mailles des tissus érectiles, en fortifiant les fibres musculaires des corps caverneux et les muscles du périné qui produisent l'érection par leur contraction, conditions physiologiques nécessaires de la virilité chez l'homme et de l'éréthisme chez la femme.

Ce n'est pas un remède, mais plutôt un moyen mécanique, absolument inoffensif.

J'ai cru devoir indiquer ce dernier moyen pour ne rien négliger et donner toutes les chances possibles, aux personnes intéressées, de pouvoir trouver dans mon livre ce qu'elles espèrent y découvrir.

Heureux si j'ai pu réussir, par la propagande de tous les systèmes et procédés indiqués, à procurer à mes lecteurs la satisfaction qu'ils cherchent et l'accomplissement de leurs désirs légitimes.

Je ne peux donner ici de plus amples explications, sans entrer dans certains détails trop délicats pour être introduits dans cet ouvrage.

Mais je me ferai un plaisir d'envoyer par courrier, aux personnes qui le désireraient — des renseignements précis et suffisants qui leur donneront toute satisfaction. (1).

----

(1) S'adresser à Mr L.-M. des Préaux, 63, rue Oberkampf, Paris. (Timbre pour réponse.)

CONCLUSION

CONCLUSION

Je crois devoir, avant de terminer, expliquer au lecteur comment j'ai été amené à étudier les mystères de la génération et à publier ensuite les résultats de mes observations.

Il y a quelque trente ans, un livre traitant ces questions me tomba sous la main. Je m'y intéressai et je fis part à mes amis des choses qui pouvaient les concerner et qu'ils étaient à même d'expérimenter. Ce fut le début de mes observations basées sur la pratique. Je les avais commencées par simple curiosité et elles finirent par m'intéresser vivement en raison de l'importance des résultats qui pouvaient être obtenus.

J'étudiai d'autres ouvrages qui n'étaient pas toujours d'accord sur la solution des mêmes questions. Alors je faisais contrôler toutes ces théories différentes et je retenais celles qui obtenaient le plus de succès. C'était très simple.

Quand je fus fixé sur la valeur de tous les systèmes proposés, j'adoptai définitivement les plus certains et je rendis en les divulgant de nombreux services.

Ainsi combien de ménages désolés de n'avoir que des filles, qui étaient très heureux de pouvoir enfin avoir un garçon, et réciproquement. Et d'autres qui désiraient un enfant depuis si longtemps, quelle joie lorsqu'enfin leur espérance se réalisait, alors qu'un rien, qu'ils ignoraient, entravait l'accomplissement de leur désir. Ceux-là aussi,

qui en avaient déjà trop, étaient très satisfaits de connaître un moyen convenable pour
ne plus en avoir.

Mes occupations me mettant en relation
avec beaucoup de monde, je possédais un
vaste champ d'observations. Je propageais
la bonne parole, j'établissais des comparai-
sons, je pouvais facilement me rendre compte
des résultats des expériences et je prenais
soigneusement des notes.

Au moyen de tous ces éléments, je me suis
formé des convictions qui me permettent d'affirmer la valeur des moyens recommandés.
Et j'arrivai à trouver moi-même certains procédés, tel que celui concernant la stérilité qui
est parfait; un autre pour avoir des enfants
sains et robustes qui est bien simple, ainsi

qu'un moyen inoffensif et efficace pour ranimer les forces de l'homme et faire sortir la femme de sa froideur naturelle.

Je ne veux pas avancer que toutes les expériences que j'ai fait faire ont réussi sans exception. Mais il n'y a guère d'écart lorsqu'elles sont exécutées consciencieusement.

En somme, il y a le plus grand intérêt à propager ces doctrines au point de vue de l'augmentation de la population et de la satisfaction de certains désirs très légitimes qui ne peuvent que contribuer à la bonne harmonie entre époux.

C'est pourquoi je publie ce livre. Car j'ai remarqué, dans presque toutes les classes de la société, une ignorance extraordinaire de ces choses, qui s'explique, puisqu'on ne les enseigne pas et qu'on n'a pas toujours le temps et l'occasion de les apprendre soi-même.

Le projet de loi de M. Piot ayant fixé l'attention publique sur ces questions, j'ai cru le moment propice pour propager les résultats de mes longues et laborieuses observations.

J'ai dit en commençant que mon travail venait à l'appui de ce projet de loi et cela est exact. Je vais le démontrer.

La première conséquence de l'application de cette loi se traduira forcément par une augmentation sensible de la natalité. Cette solution se dégage nettement des dispositions de la loi, dont c'est le véritable but, et s'impose d'elle-même.

Les tableaux de recensement accusent constamment une diminution progressive et notable du nombre des Français. Il fallait donc réagir contre ce mal qui atteint la nation dans ses œuvres-vives et qui équivaut à un véritable « suicide de race », selon l'expression énergique des Américains.

Cette loi est humanitaire et logique; elle répond à un besoin urgent. D'un côté, elle vient en aide aux familles nombreuses qui ne peuvent plus vivre comme autrefois, les conditions de l'existence n'étant plus les mêmes. En les soulageant, elle les engage à persévérer dans leurs idées prolifiques, et MM. de Rothschild, en les logeant à bon marché, les encouragent encore à continuer dans cette voie. Ils apportent ainsi leur concours pécuniaire à l'appui de la loi projetée.

Il est donc à présumer que de ce côté la situation restera la même, malgré les difficultés de l'existence qui augmentent, et la campagne menée par les malthusiens en faveur de la dépopulation, ainsi qu'on le verra plus loin.

Il pourra même arriver ceci, en présence de la sollicitude des pouvoirs publics, aidée par l'initiative privée, que la situation lamentable des familles nombreuses commence à émouvoir, — MM. de Rothschild, par leur dotation princière et le *Journal*, par son concours, ont donné l'exemple, — que les parents pauvres s'efforcent d'arriver au nombre d'enfants qui leur permettront d'obtenir une part de ces faveurs.

D'un autre côté, et c'est là une des conséquences probables la plus heureuse de cette

6.

loi, les catégories de citoyens frappés de nou-
velles charges s'efforceront de s'y soustraire
par le mariage et par les naissances.

A moins d'être célibataires irréductibles,
ceux qui ne se marient pas par insouciance,
par paresse ou par égoïsme, plutôt que de
parti-pris, s'empresseront de chercher leur
salut dans l'hyménée d'abord, pour le plus
grand bonheur des demoiselles à marier, et
dans la paternité ensuite.

Il en sera de même pour les ménages
égoïstes qui ne veulent pas d'enfants, et il
en existe. Et combien de ménages d'une position moyenne, ayant déjà quatre enfants,
ne regarderont pas à en avoir un cinquième
pour participer au bénéfice de la loi.

Restent les ménages sans enfants et qui en

désirent, ceux qui ont déjà plusieurs filles ou plusieurs garçons, et qui hésitent à s'aventurer encore dans la crainte d'une nouvelle déception, et enfin ceux qui n'ont qu'un enfant et qui s'offriraient bien le luxe d'un deuxième, s'ils étaient certains que le sexe du dernier fût changé.

On nous dit bien qu'il faut repeupler, que les conséquences de la dépopulation sont déplorables, surtout au point de vue de l'agriculture. Et M. Combes, Ministre de l'Intérieur, déclarait hautement dans son récent discours d'Auxerre, que si nous abandonnons, en Orient, le protectorat qui nous fut jadis dévolu comme hommage à la France, cette déchéance est due à l'anéantissement de nos forces militaires et à ce que, par conséquent, nous ne sommes plus en état de maintenir ce protectorat.

On ne peut pas dire plus clairement que la France manque d'enfants pour soutenir la gloire de notre drapeau.

Comme M. Combes, comme M. Piot et tant d'autres, je constate un mal. Mais malgré tous les encouragements, malgré les bienfaits promis par la loi qui se prépare, cette constatation serait chose purement platonique si on n'apportait pas un remède au mal, en un mot si on ne donnait pas les moyens d'avoir des enfants à ceux qui ne le peuvent pas, ou plutôt qui ne savent pas s'y prendre pour en avoir.

C'est ici que j'interviens pour appuyer le projet de loi en comblant la lacune qui existe et en apportant ma pierre à l'édifice.

Aux célibataires que la loi fera plier sous

le joug conjugal, à ceux qui se décideront
forcément à prendre leur part des joies et
des peines de la paternité, aux époux qui sont
rongés par le regret cuisant d'un mariage
stérile, et enfin à ceux qui seraient enchantés
d'avoir un garçon ou une fille, je fournis
les voies et les moyens d'accomplir leurs désirs.

Je n'oublie pas les déshérités de la vie dont
l'impuissance prématurée cause le désespoir
et les prive de descendants.

La force d'une nation ne repose pas uni-
quement sur le nombre de ses enfants; il faut
aussi qu'ils soient forts et vaillants pour la
défendre, intelligents pour la faire prospé-
rer par le commerce, l'industrie, les sciences
et les arts et en état de perpétuer une forte
race. Le moyen que j'indique pour engen-

drer ces enfants qui font la joie de la famille et la gloire d'un pays est simple et logique; il est à la portée de tous. On pourra ainsi s'éviter la douleur de donner naissance à des enfants chétifs qui passent une vie pénible et qui amènent la dégénérescence de l'espèce.

Quant à ceux qui estiment leur famille assez nombreuse et qui ont suffisamment rempli leur devoir de père et de citoyen, ils trouveront en me lisant un moyen honnête et sans danger de limiter le nombre de leurs enfants. Ils frémiront en connaissant tous les dangers de la contrainte morale par les fraudes de la génération habituellement en usage et recommandées à tort par les partisans de la dépopulation, attendu qu'on peut arriver au même résultat par un autre moyen inoffensif et plutôt salutaire.

En prodiguant tous mes conseils, mon but est assurément de contribuer au rehaussement de la natalité, mais non pas de pousser à la repopulation à outrance. Les personnes raisonnables et qui sont animées de bons sentiments le comprendront. Il y en aura toujours assez d'autres dont la raison est dominée par les sens, qui sont imprévoyants et qui n'observeront pas de limites dans leur procréation.

Mais en général, il est permis d'espérer que l'application de la loi donnera lieu à une augmentation de population, qui loin d'être une charge, sera utile et profitable au pays, par la raison qu'elle sera formée en grande partie par les classes aisées ou tout au moins en état d'élever leurs enfants.

Dans tous les cas, on pourra se rendre

compte par mon travail, combien il serait désirable d'introduire dans l'éducation de la jeunesse l'étude des principaux secrets de la génération que tous les ménages devraient connaître. Cette lacune dans l'instruction n'empêche nullement les jeunes gens d'apprendre de bonne heure ce qu'ils devraient ignorer, et ils ignorent ce qu'ils devraient savoir. Ce serait même utile au point de vue de la morale, car les froides réalités de la science calment l'imagination au lieu de l'exalter.

Le mari et la femme, mieux instruits, s'éviteraient souvent des déceptions causées par leur ignorance parfois absolue, qui peut être une cause de la stérilité de leur union. Ils pourraient trouver ensemble la satisfaction du plaisir qui peut leur manquer et qu'ils vont quelquefois chercher ailleurs, lorsqu'ils ne savent pas se le communiquer.

Il arrive souvent que la discorde et la séparation dans les ménages n'ont pas d'autre cause.

J'espère que ceux qui me liront en retireront quelque profit ; c'est mon plus vif désir. Il s'en trouvera certainement à qui les connaissances si simples et si utiles contenues dans ce volume ne pourront plus servir et qui regretteront amèrement de ne pas les avoir connues plus tôt. Ils pourront toujours avoir la satisfaction d'en faire profiter d'autres qui leur en seront reconnaissants et cette bienfaisance adoucira leurs regrets.

Je me suis efforcé, en traitant ces questions

---

délicates, de ménager les susceptibilités et l'honnêteté, en ne m'écartant pas de ce qui devait se rapporter à mon sujet. Mais il fallait cependant appeler les choses par leur nom, et je n'ai pas hésité, pour remplir ma tâche jusqu'au bout.

Qui veut la fin veut les moyens,
Honni soit qui mal y pense !

NOTES DE L'AUTEUR

NOTES DE L'AUTEUR

Avant de faire éditer ce livre, je l'avais déjà fait imprimer sous la forme d'une simple brochure que j'avais fait connaître par voie de réclame.

De tous les côtés de la France et de l'étranger, les demandes me sont arrivées si nombreuses, qu'en présence de cet empressement qui témoigne du vif intérêt provoqué par tout ce qui touche à la repopulation, je n'ai pas hésité à publier mon ouvrage sous le format d'un livre qui pourra avoir sa place dans toutes les bibliothèques.

Toutes les classes de la société sont représentées dans les demandes que j'ai reçues, et des lettres de félicitations, émanant de personnages marquants, sont pour moi déjà une récompense de mes peines et un précieux encouragement.

Après avoir tout d'abord envoyé mon manuscrit à M. Piot, qui me répondit la lettre insérée dans la préface, je lui ai adressé ma brochure imprimée avec la lettre suivante :

Paris, le 18 Août 1904.

« Monsieur Piot,
        Sénateur de la Côte-d'Or,

« J'ai l'honneur de vous envoyer un exemplaire de ma brochure que j'ai cru devoir faire précéder de ma lettre et de celle que vous avez bien voulu me répondre.

« A la suite de quelques annonces faites dans le *Journal*, j'ai reçu de nombreuses demandes indiquant tout l'intérêt accordé à mon travail qui répond à un besoin urgent, surtout à ce moment où l'attention publique est fixée sur la question de la repopulation.

« L'essai que je viens de faire prouve que je suis dans le vrai, et je vais le continuer.

« Veuillez agréer, Monsieur le Sénateur, l'assurance de mon profond respect. »

M. Piot me fit répondre :

SÉNAT

—

Saint-Mandé, 19 Août 1904.

« Monsieur,

« Monsieur le Sénateur Piot me charge de vous redire à nouveau qu'il suivra avec intérêt votre propagande, comme tout ce qui a rapport à la grande question de la dépopulation qui le préoccupe.

« Je vous prie d'agréer, Monsieur, mes salutations empressées.

« A. GASSIER. »

Et enfin pour terminer, ayant envoyé ma brochure à Madame Jeanne Dubois, collaboratrice du journal *Régénération*, « Organe de la Ligue de la Régénération humaine », la propagandiste de l'abstention me fit la réponse suivante :

Paris, 11 — 8 — 04.

« Monsieur,

« Vous nous dites :

« La force d'une nation est la résultante de

toutes les forces individuelles de ses habitants donc, plus une nation a d'unités, plus elle es t forte. »

« A cela je réponds :

« Pour que les unités soient fortes, il est indispensable de limiter leur nombre, m'appuyant à la fois sur la loi économique de Malthus et sur la loi du temps : une bonne éducation absorbe un grand nombre d'heures par jour pendant de longues années, d'où la nécessité de ne pas engendrer indéfiniment.

« Il y a un équilibre à établir, non seulement entre la population et les subsistances, mais encore entre l'éducation et le temps.

« D'autre part, Monsieur, il reste à savoir si la femme, transformée en machine à enfanter, est heureuse. Elle peut avoir, comme l'homme, des aspirations intellectuelles et ne pas vouloir se livrer toute à la famille, mais je crois, Monsieur, qu'au bonheur de la femme, vous ne songez guère !

« Que les repopulateurs le sachent donc : nous

7.

sommes des individualistes (l'individualisme exige l'altruisme et ne doit pas être confondu avec l'égoïsme); c'est en vue du bonheur de l'individu que nous posons le principe de procréation consciente et limitée.

« C'est encore au nom de la liberté individuelle que nous demandons la suppression du régime capitaliste et l'avènement du système communiste, et aux travailleurs, aux exploités, nous disons : actuellement, faites la grève des ventres pour avoir le temps (sans cesse l'on retrouve cette mesure) d'étudier la liberté, de la comprendre et d'accomplir avec nous la Révolution sociale; oh! non une Révolution de haine et de vengeance, mais une Révolution libératrice! La question de la propriété nous intéresse autant que la question sexuelle, car nous considérons la vie dans son ensemble, sous tous ses aspects, au lieu de faire des lois sans rien connaître de la nature humaine.

« Vous, Monsieur, vous êtes d'accord avec nous pour blâmer la loi de naïveté; vous voulez que les éducateurs enseignent à la jeunesse ce que sont les organes génitaux et les fonctions reproductrices;

comme nous encore, vous faites appel aux principes de sélection artificielle. « Il serait à désirer que lorsque les deux époux... » Nous nous exprimons d'une manière plus énergique, mais enfin nos pensées, je crois, se rapprochent sur ces points.

« Au contraire, M. Piot « ne peut vous adresser des observations spéciales, ne s'étant jamais placé à un point de vue médical et restant constamment dans des préoccupations d'un autre ordre ». Peu lui importe qu'il y ait des individus malades, des anormaux qui ne donneront à l'être qu'une vie de souffrances, à la société qu'une charge inutile et nuisible ; à tous il dit : « Engendrez indéfiniment, procréez sans réfléchir ! » Prenant ses désirs pour des réalités, il prétend que plus il y aura de Français, plus notre nation sera forte.

« Peut-être notre législateur laisse-t-il de côté la question de la qualité de l'individu parce qu'il veut avant tout de la chair à canon et de la chair à machine pour alimenter la force capitaliste ; peut-être ne pense-t-il qu'au bonheur de quelques-uns, au bonheur des bourgeois fait du martyre du peuple.

« Nous, Monsieur, nous ne voulons plus d'hécatombes humaines, la douleur des opprimés nous fait frémir, c'est vers eux que nous allons, c'est à eux que nous nous adressons, et croyez bien que j'ai éprouvé un sentiment de satisfaction profonde, après avoir lu la brochure que vous m'avez fait l'honneur de m'envoyer : nous arriverons facilement à triompher de nos adversaires, les prolétaires reconnaîtront bien vite qu'ils font le jeu des classes privilégiées en écoutant les exhorta tions des repopulateurs et ils verront aussi qu'à n'importe quelle époque s'applique le principe de procréation consciente et limitée. Avec un peu de persévérance et de courage, nous parviendrons à les éclairer, car nous avons un arsenal d'arguments à notre disposition.

« Veuillez agréer, Monsieur, l'expression de mes sentiments distingués.

« J. DUBOIS. »

Je publie cette lettre, qui est une véritable profession de foi et qui résume les aspirations et les tendances d'un parti qui prend ses espérances chimériques pour des réalités possibles, alors qu'il n'a pas étudié à fond la nature humaine qui est immuable et qui traverse les siècles avec ses mêmes défauts originaires dissimulés sous le vernis de la civilisation. Exemple, les atrocités de la guerre Russo-Japonaise, où la bête humaine se révèle avec sa férocité native dans toute son horreur.

La grève des ventres est une utopie ; elle est contraire à la loi naturelle, qu'on ne peut enfreindre parce qu'elle est éternelle, et elle est d'autant moins possible qu'elle s'adresse dans l'espèce à la classe de citoyens qui resteront toujours et quand même en bas de l'échelle sociale, malgré les exhortations de tous ceux qui se dévoueront de bonne foi pour eux et qui leur tendront la main pour leur en faire monter les échelons. Ces hommes ne pratiqueront jamais cette grève, parce qu'il faudrait déjà supprimer les marchands de vin où ils laisseront toujours leurs bonnes résolutions au fond du verre. Alors, à quoi bon s'obstiner à vouloir parler raison à ceux qui ne veulent pas entendre ?

Au lieu de prêcher dans le désert la contrainte morale, à des individus dont l'aveuglement est incurable et volontaire, qui dépassent la mesure en multipliant sans réflexion, la société s'organise pour les secourir par des lois humaines et prévoyantes.

Il serait plus loyal de le reconnaître franchement, au lieu de laisser dans l'ombre la bienfaisance éclairée qui se dégage de la loi

Piot, en exagérant et en interprétant du mauvais côté le mobile du législateur qui est effectivement d'enrayer la dépopulation, mais non pas avec les intentions qu'on lui prête.

J'ai répondu à l'avance, par l'exposé des moyens physiologiques à employer pour réglementer et mieux répartir la procréation, aux objections que je prévoyais de la part des adversaires de la repopulation.

En me lisant avec attention et bonne foi, et en admettant les conséquences favorables qui découleront de la loi projetée, énumérées dans mes conclusions, ils reconnaîtront que je suis d'accord avec eux sur le fond même de la question.

En effet, je crie *Halte-là !* aux prolétaires

trop prolifiques, (bien que je sache l'inutilité de mes avertissements pour beaucoup). *Faites des enfants !* aux classes aisées, — et à tous surtout: *Faites-les forts et bien portants,* — et je ne me borne pas aux conseils, mais j'en donne les moyens.

Quant à ceux qui ne voudront rien entendre, ils auront toujours la ressource de participer aux bienfaits qui se préparent pour remédier à leur imprévoyance.

L'honneur revient à la France d'avoir la première pris les mesures nécessaires pour lutter contre la dépopulation qui menace de décimer le monde. Les autres puissances, menacées du même fléau, ne tarderont pas à la suivre dans cette voie. L'Amérique commence déjà. En voici la preuve :

On lit dans le Petit *Journal* du 8 octobre 1904, sous ce titre :

CONTRE LE SUICIDE DE RACE

New-York, 7 octobre.

« Les paroles que le président Roosevelt a prononcées un jour, à la louange des familles nombreuses et contre le « suicide de race », ne sont pas restées sans effet.

« Un magistrat de New-York, M. Georges Clifford, pour manifester sa communion d'idées avec le chef de l'Etat, fait annoncer dans les journaux qu'il donnera à chaque couple qui se mariera devant lui tout un ameublement de ménage.

« Et ce n'est pas tout : Ses enfants, très

bons musiciens, feront danser les mariés au bal. »

Mais le plus bel exemple à suivre est celui donné par les Dames de Boston qui viennent de fonder une assurance sur la maternité afin d'enrayer le « Suicide de race » dénoncé par le président Roosevelt. A la naissance de chaque enfant les mères recevront de mille à deux mille cinq cents francs.

Cette prime à la maternité est assurément l'encouragement le plus efficace et le plus moral pour pousser à la repopulation.

Le plus efficace, en ce sens que nul ménage n'hésiterait pas à avoir un ou deux enfants de plus, s'il était assuré de recevoir une somme largement suffisante pour le dédommager des dépenses de l'accouchement et des frais occasionnés par les premiers soins à donner à l'enfant.

Le plus moral, parce que l'avortement, l'infanticide ou l'abandon diminueraient dans une notable proportion. Et au surplus, n'est-il pas juste et humain de récompenser la femme qui s'épuise et se sacrifie pour doter la société d'un nouveau membre ?

Les assurances de toutes sortes sont innombrables; il y en a pour tous les accidents de la vie et pour parer à toutes les éventualités. Pourquoi n'y en aurait-il pas pour la maternité ? En serait-il une plus honorable et plus humanitaire ?

Si les compagnies d'assurances craignaient de ne pas réussir, ce serait à l'Etat, aux départements, aux communes à les soutenir ou à en prendre l'initiative.

Puisque la dépopulation a pour principale cause initiale la misère, elle serait du coup enrayée. Le moment est arrivé de prendre des mesures énergiques, tout le monde le sent, l'impulsion est donnée; elle ne saurait s'arrêter.

Et enfin mon livre intéressant spécialement les jeunes ménages, peut-être se trouvera-t-il en France des bienfaiteurs qui s'organiseront pour l'offrir à tous les jeunes mariés ce serait à coup sûr le cadeau le plus utile à leur faire.

Il contient les connaissances les plus élé-

mentaires de la génération, exposées sim-
plement pour être mises à la portée de toutes
les intelligences et que l'expérience n'apprend
pas toujours. Ou bien si des personnes déjà
instruites finissent par les acquérir d'elles-
mêmes, en tout ou partie, il n'est souvent plus
temps pour elles de s'en servir.

Il est préférable de profiter de l'expérience
des autres, quand on est jeune et qu'on a
l'avenir devant soi. Mais il faut encore savoir
où s'adresser et c'est pourquoi je fais appel
à tous ceux qui pourront aider à la propagande de ce livre, qui pourrait s'appeler aussi à juste titre :

LE BREVIAIRE DES EPOUX

Une dernière lettre de M. Piot

———

Au moment où cet ouvrage allait être mis sous presse, je lis dans le *Journal* du 4 décembre 1904, la lettre suivante de M. Piot à M. le Président du Conseil.

Je m'empresse de la reproduire.

M. Piot s'alarme avec raison de la campagne menée par les adversaires de la repopulation et que je signale dans mes *Notes d'Auteur*.

Mais cette campagne ne se fait pas seulement aux portes de Paris; elle s'étend hardiment dans toute la province où des conférences s'organisent avec l'autorisation des municipalités, annoncées par des affiches portant en gros caractères ce titre démoralisant :

NE FAISONS PLUS D'ENFANTS

Voici la lettre de M. Piot :

Paris, 3 décembre 1904.

Monsieur le Président,

La bienveillance avec laquelle vous avez accueilli mes précédents appels en faveur des familles nombreuses, l'écho profond éveillé par leur situation inique dans les préoccupations du gouvernement, l'assurance que vous avez bien voulu me donner de votre sollicitude, disposée à corriger l'inégalité dont elles sont victimes, m'encouragent à venir de nouveau invoquer vos généreuses promesses.

Le temps s'écoule, les misères s'accumulent, et toute remise des remèdes si ardemment désirés ne fait qu'irriter et accroître le mal social.

Tous les jours, des pères se plaignent qu'ils ne peuvent plus suffire aux besoins de leur famille, des mères s'épuisent à nourrir leurs enfants. Je vois grandir, le cœur serré, les découragements et... les révoltes.

Voici, en effet, qu'une véritable campagne — d'abord timide, mais s'affirmant de jour en jour, — s'élève contre l'œuvre de vitalité ; on prêche l'abstention aux familles ; et, au mépris des intérêts supérieurs du pays, on pousse à la réduction de la natalité qui, hélas ! ne s'abaisse déjà que trop d'elle-même.

Aux portes de Paris, des municipalités prêtent les salles des mairies aux réunions qui affichent les théories malthusiennes ; on y apprend aux femmes françaises à ne plus être mères, puisqu'elles doivent succomber sous la charge de leurs maternités.

Assisterions-nous à ces tristesses, Monsieur le Président, si les familles nombreuses étaient en honneur, et si le secours sûr, officiellement, leur venait d'en haut, par le bienfait de la loi ?

Cette propagande aurait-elle un prétexte à se faire jour, si, à l'objurgation : « Ne faites pas d'enfants, que vous serez incapables de nourrir et d'élever », nous pouvions répondre : « La France a besoin d'enfants, n'hésitez pas à lui en donner, elle leur assurera sa protection et vous apportera une aide efficace ? »

Le danger est plus imminent que jamais, Ne pensez-vous pas que le Gouvernement a le devoir de prendre enfin les résolutions qui s'imposent ? Il n'est plus besoin d'attendre des dossiers, sur quoi établir de longues études préliminaires; la nécessité d'agir est urgente.

Si les pères sont chargés d'enfants, la République a charge de citoyens et leur doit son secours, et j'ai confiance dans votre conviction qu'il appartient à un gouvernement démocratique de faire œuvre de solidarité, et, par l'impulsion législative, qui dépend de lui, d'humanité.

Je vous prie d'agréer, etc.

E. PIOT,
Sénateur de la Côte-d'Or.

En réponse, le président du Conseil a adressé la lettre suivante à M. Piot :

Paris, 8 janvier 1905.

Monsieur le sénateur et cher collègue,

J'ai pris connaissance de la lettre par laquelle vous avez bien voulu appeler mon attention sur les familles nombreuses et nécessiteuses et sur l'intérêt qu'il y aurait à leur assurer une aide efficace par le bienfait d'une loi.

J'estime avec vous, Monsieur le sénateur et cher collègue, que ces familles sont dignes à tous égards de la sollicitude des pouvoirs publics.

Et j'ai l'honneur de vous faire connaître que, pour répondre à votre désir, je viens de demander à mon collègue le ministre des finances d'examiner la possibilité d'inscrire au prochain budget un crédit en leur faveur.

D'autre part, j'ai fait part à M. le préfet de la Seine de vos très judicieuses observations concernant la tenue, dans les salles de mairies des communes suburbaines, de conférences dans lesquelles auraient été développées les théories malthusiennes. J'ai signalé à M. de Selves les inconvénients que présentent à tous points de vue, les autorisations qui ont pu être données dans ces circonstances par les municipalités et je l'ai prié d'inviter celles-ci à refuser désormais l'usage des locaux communaux aux organisateurs de conférences de cette nature.

Permettez-moi, monsieur le sénateur et cher collègue, de vous remercier à nouveau des efforts que vous tentez pour remédier à une situation qui mérite toute l'attention et la sollicitude du gouvernement, et de vous renouveler l'assurance de mon dévoué concours pour le succès de l'œuvre salutaire que vous avez entreprise.

Mouvement de la population dans les Préfecture
et Sous-Préfectures du département de l'Yonne,
pendant l'année 1904.

(Chiffres officiels)

VILLES	NAISSANCES	DÉCÈS
Auxerre...............	332	447
Avalllon............	106	126
Joigny	90	138
Sens................	223	321
Tonnerre...........	63	109
TOTAUX....	814	1141

Excédent des décès sur les naissances — 327.

Il en est de même pour tout le département de
l'Yonne.

Ces chiffres dispensent de tout commentaire.

8.

TABLE DES MATIÈRES